RAÍCES

Un libro de Las Raíces de Crabtree

ALICIA RODRIGUEZ
Traducción de Pablo de la Vega

Apoyos de la escuela a los hogares para cuidadores y maestros

Este libro ayuda a los niños en su desarrollo al permitirles practicar la lectura. Abajo están algunas preguntas guía para ayudar al lector a fortalecer sus habilidades de comprensión. En rojo hay algunas opciones de respuesta.

Antes de leer:

- ¿De qué pienso que trata este libro?
  - *Este libro es sobre las raíces de las plantas.*
  - *Este libro es sobre cómo son las raíces.*
- ¿Qué quiero aprender sobre este tema?
  - *Quiero aprender qué son las raíces.*
  - *Quiero aprender cómo son las raíces.*

Durante la lectura:

- Me pregunto por qué...
  - *Me pregunto por qué algunas raíces crecen en la tierra.*
  - *Me pregunto por qué algunas raíces son largas.*
- ¿Qué he aprendido hasta ahora?
  - *Aprendí que algunas raíces crecen en el agua.*
  - *Aprendí que algunas raíces son grandes.*

Después de leer:

- ¿Qué detalles aprendí de este tema?
  - *Aprendí que las raíces pueden tener distintos tamaños y longitudes.*
  - *Aprendí que la mayoría de las plantas tienen raíces.*
- Lee el libro una vez más y busca las palabras del vocabulario.
  - *Veo la palabra **tierra** en la página 8 y la palabra **plantas** en la página 13. Las demás palabras del vocabulario están en la página 14.*

Estas son unas **raíces**.

Algunas raíces
son grandes.

Algunas raíces son largas.

Algunas raíces crecen en la **tierra**.

Algunas raíces
crecen en el agua.

¡La mayoría de las **plantas** tienen raíces!

Lista de palabras

Palabras de uso común

algunas	en	las
de	estas	son
el	la	unas

Palabras para conocer

plantas

raíces

tierra

31 palabras

Estas son unas **raíces**.

Algunas raíces son grandes.

Algunas raíces son largas.

Algunas raíces crecen en la **tierra**.

Algunas raíces crecen en el agua.

¡La mayoría de las **plantas** tienen raíces!

LAS PARTES DE UNA PLANTA

RAÍCES

Written by: Alicia Rodriguez
Designed by: Rhea Wallace
Series Development: James Earley
Proofreader: Ellen Rodger
Educational Consultant: Marie Lemke M.Ed.
Translation to Spanish: Pablo de la Vega
Spanish-language lay-out and proofread: Base Tres

Photographs:
Shutterstock: showcake: cover; ifong: p. 1; Thammanoon Khamchalee: p. 3, 14; siambizkit: p. 5; Noppanunk: p. 6-7; ER_09: p. 9; Damsea: p. 11; Ian Grainger: p. 12, 14

Library and Archives Canada Cataloguing in Publication

Title: Raíces / Alicia Rodriguez.
Other titles: Roots. Spanish
Names: Rodriguez, Alicia (Children's author), author. | Vega, Pablo de la, translator.
Description: Series statement: Las partes de una planta | Translation of: Roots. | Translation to Spanish: Pablo de la Vega. | "Un libro de las raíces de Crabtree". | Text in Spanish.
Identifiers: Canadiana (print) 20210210052 |
Canadiana (ebook) 20210210060 |
ISBN 9781427140975 (hardcover) |
ISBN 9781427141033 (softcover) |
ISBN 9781427140852 (HTML) |
ISBN 9781427140913 (EPUB) |
ISBN 9781427141095 (read-along ebook)
Subjects: LCSH: Roots (Botany)—Juvenile literature.
Classification: LCC QK644 .R6318 2022 | DDC j575.5/4—dc23

Library of Congress Cataloging-in-Publication Data

Names: Rodriguez, Alicia (Children's author), author.
Title: Raíces / Alicia Rodriguez.
Other titles: Roots. Spanish
Description: New York, NY : Crabtree Publishing, [2022] | Series: Las partes de una planta- un libro de las raíces de Crabtree | Includes index.
Identifiers: LCCN 2021020233 (print) |
LCCN 2021020234 (ebook) |
ISBN 9781427140975 (hardcover) |
ISBN 9781427141033 (paperback) |
ISBN 9781427140852 (ebook) |
ISBN 9781427140913 (epub) |
ISBN 9781427141095
Subjects: LCSH: Roots (Botany)--Juvenile literature. | Plants--Juvenile literature.
Classification: LCC QK644 .R6318 2022 (print) | LCC QK644 (ebook) |
DDC 581.4/98--dc23
LC record available at https://lccn.loc.gov/2021020233
LC ebook record available at https://lccn.loc.gov/2021020234

Crabtree Publishing Company

www.crabtreebooks.com 1-800-387-7650

Printed in the U.S.A./062021/CG20210401

 In Canada: We acknowledge the financial support of the Government of Canada through the Canada Book Fund for our publishing activities.

Published in the United States
Crabtree Publishing
347 Fifth Avenue, Suite 1402-145
New York, NY, 10016

Published in Canada
Crabtree Publishing
616 Welland Ave.
St. Catharines, Ontario L2M 5V6